狗狗爱吃饭

U0260771

辛 墨◎著

江苏凤凰科学技术出版社·南京

图书在版编目（CIP）数据

狗狗爱吃饭 / 辛墨著． -- 南京 ： 江苏凤凰科学技术出版社， 2025.2. -- ISBN 978-7-5713-4758-1

Ⅰ．S829.2

中国国家版本馆 CIP 数据核字第 2024XW4037 号

狗狗爱吃饭

著　　　者	辛　墨
责 任 编 辑	王　天
责 任 校 对	仲　敏
责 任 设 计	徐　慧
责 任 监 制	刘文洋

出 版 发 行	江苏凤凰科学技术出版社
出版社地址	南京市湖南路 1 号 A 楼，邮编：210009
出版社网址	http://www.pspress.cn
印　　　刷	南京新世纪联盟印务有限公司

开　　　本	720 mm×1 000 mm 1/16
印　　　张	8.5
字　　　数	70 000
版　　　次	2025 年 2 月第 1 版
印　　　次	2025 年 2 月第 1 次印刷

标 准 书 号	ISBN 978-7-5713-4758-1
定　　　价	48.00 元

图书如有印装质量问题，可随时向我社印务部调换。

前言

我们人类每天都能接触到不同的新鲜事物，包括食物也有各种各样的选择，我们拥有着这个世界所带来的一切美好，我们享受美食、享受阳光、享受自由的风。

长久以来，宠物已经成为我们彼此相伴的家人，它们虽然不会说话，但却懂得爱，懂得永远忠诚地爱着我们。

我们可以带着爱宠出游、逛街，甚至可以分享见到的一切风景，但遗憾的是唯独不能与它们分享美味。

宠物一般只吃干粮，不像我们可以拥有各种各样的选择，而这世界上的美食琳琅满目，但如果每天只吃同一种东西，即使再美味，生活也将变得机械与烦闷，狗狗也一样。

我拥有两只小狗，它们像绝大多数狗狗一样贪吃，尤其渴望人类的食物。在每一天的各种时刻里，它们总能敏锐地发现我手中的任何一块零食，然后用祈求的神情看着我，让我忍不住想要同它们分享。

但日常的零食不能给它们吃太多，有的太油腻、有的有添加剂、有的对它们来说太咸……

所以我常常思考，怎么样也能让它们吃到和我们一样的美味。于是我做了一个大胆的决定，试图将人类美食的元素添加进它们的食物里，做出既美味又好看的食物，即使它们可能只是被食物的香气所诱惑，但它们一定能读懂每道食物中所包含的爱意。让它们为我们带来快乐的同时，也能享受到来自我们的爱与珍惜。

在看到它们每次因为美食而带来的兴奋时，即使制作的过程有些麻烦，我也会觉得这是一件有意义的事情。

因为爱是一切创意与灵感的来源，我喜欢美食，喜欢旅行，喜欢一切美好的东西，更喜欢用双手来传递温度。

养一只小狗吧！

在你冗长的生命里，

用食物治愈它的余生，

然后让它陪你度过漫长的季节。

（本书旨在为制作狗狗零食提供创意，不可以完全替代主粮哦！）

笔者

目录

CONTENTS

四 美味蛋糕 / 065

五 可口饼干 / 087

六 自制挞类 / 107

七 营养鲜食 / 121

中式酥糕

☆ ── ☆

春信将至

🍳 **制作方法** ────────────────────────

① 将外皮部分的熟鸡胸肉和熟山药放入绞肉机中，搅打成团。

② 取少量肉团用甜菜根粉调成粉色，剩余的用菠菜粉调成绿色。

③ 夹心部分的虾仁、西蓝花、彩椒和鸡肝提前焯水煮熟，待其全部晾凉后和山药一起倒入绞肉机中，搅打成团，并将打好的夹心分成每个 20 克的大小，并整成小正方形备用。

④ 取绿色的肉团擀成薄片，并切成大小为 8 厘米 ×8 厘米的正方形，同时将整好型的夹心部分放在中间，拉起绿色鸡肉片的四个角，轻轻向上折叠成一个正方形。

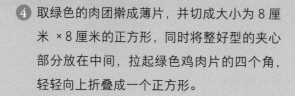

🥄 **准备材料**

外皮部分：熟鸡胸肉 150 克　熟山药 50 克

夹心部分：西蓝花 30 克　彩椒 40 克　虾仁 20 克

　　　　　鸡肝 20 克　熟山药 30 克

　　　　　菠菜粉适量　甜菜根粉适量

⑤ 剩余的绿色和粉色肉团，分别用模具做成叶子和花瓣的样子，贴在上面即可。

兰亭竹影

🍳 制作方法

① 将熟鸡胸肉和熟山药放入绞肉机，搅打成团。

② 将肉团取大约三分之一，用菠菜粉调成浅绿色，再取三分之一不调色，做主体部分。剩下的部分均分成两份，1份用菠菜粉调成深绿色，1份用角豆粉调成棕色，用作装饰。

③ 将西蓝花、彩椒、青豆和胡萝卜用水提前焯熟，然后一起倒入绞肉机中打碎，做夹心部分备用。

④ 取浅绿和白色肉团各 2 小块，分别擀成薄片，切成一样大小的长方形，并将白色整齐地叠放在浅绿色之上。

⑤ 取一部分夹心，放入上步整好的肉片中卷起来，并捏住底部，上面部分不收口，这样竹身就做好啦！

准备材料

外皮部分： 熟鸡胸肉 200 克　熟山药 65 克

夹心部分： 西蓝花 30 克　青豆 10 克　彩椒 20 克
　　　　　　胡萝卜 30 克
　　　　　　菠菜粉适量　角豆粉适量

6 将棕色肉团搓成细条，缠绕在竹身上，然后取竹子硅胶模具，将深绿色做成竹叶，白色做竹竿，贴上去做最后的装饰即可。

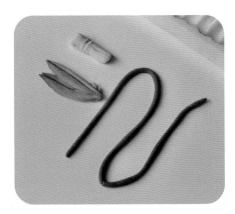

蓝莓事事如意

制作方法

① 将熟鸡胸肉和山药放入绞肉机，搅打成团。

② 将肉团平均分成 3 份，1 份不调色，剩余 2 份分别调成蓝色和紫色。

🍴 准备材料

熟鸡胸肉 150 克　山药 70 克　蓝莓若干

紫薯粉适量　蝶豆花粉适量

❸ 将 3 种颜色的肉团再分别分成
3 等份，取不同颜色和为 1 份，
混合，但不要过分揉搓，以免
颜色混合。

❹ 每份包入 4 颗蓝莓，放入模具中压
成型，脱模即可。

水波潋滟

制作方法

① 将吉利丁片放在冰水中泡软，同时将饮用水加热到 50~60℃ 后，将泡软的吉利丁片放进去，搅拌至完全融化。

② 融化好的液体倒入硅胶模具中，放冰箱冷藏至完全凝固。

③ 将熟鸡胸肉、熟山药和燕麦粉加入绞肉机中，搅打成细腻的肉团。将肉团平均分成 2 等份，分别加入适量的菠菜粉和甜菜根粉，调成绿色和粉色。

④ 将胡萝卜、甜椒、秋葵和孢子甘蓝提前焯水，彻底晾凉后与熟牛肉一起倒入绞肉机中，搅打成团，作为夹心部分。

⑤ 取圆形饼干切割模具，将夹心部分分成 6 等份，填入圆形模具中，压实后脱模。

🥄 准备材料

外皮部分：熟鸡胸肉 200 克　熟山药 80 克　燕麦粉 40 克

夹心部分：甜椒 1/4 个　胡萝卜 1/4 根　秋葵 1 根

　　　　　孢子甘蓝 3 个　熟牛肉 100 克　菠菜粉适量

　　　　　甜菜根粉适量

其　　他：吉利丁片 5 克　饮用水 150 克

⑥ 将粉色鸡肉团擀成薄片，用相同直径的饼干模具
压成圆片覆盖在压好的夹心上方，周围用同样粉
色鸡肉条缠绕。绿色部分做法相同。

⑦ 用饼干切割模具同样将凝固完全的透明冻压成
直径相同的圆片，放在顶部。

⑧ 用硅胶模具做出绿色和粉色 2 种颜色不同、大
小不同的扇子装饰，装饰在顶部即可。

昙花酥

制作方法

① 将熟鸡胸肉、熟山药和燕麦粉加入绞肉机中，搅拌成细腻的肉团。

② 将肉团平均分成 2 等份，分别加入适量的菠菜粉，调成深浅不一样的 2 种绿色。

③ 取两种绿色的肉团，分别将其分成每个 30 克的小肉团，备用。

④ 像包汤圆那样，将深绿色的肉丸包进浅绿色的肉丸中，然后捏紧搓圆。

⑤ 用擀面杖轻轻将肉丸擀成大一点的圆形厚饼状，均切成 16 瓣，中间留圆形花蕊不切割，再每隔一个花瓣从中间切半刀。没有切的 8 瓣捏起，剩下切半刀的花瓣，两两向捏起的 8 瓣下边靠拢，用手轻轻整形。

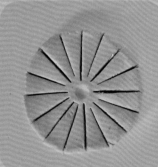

🥄 准备材料

熟鸡胸肉 250 克　熟山药 100 克　燕麦粉 50 克
菠菜粉适量　蛋黄液适量　甜菜根粉适量
亚麻籽 / 白芝麻适量

6 中间圆形花蕊的部分点上蛋黄液，再撒上亚麻籽或白芝麻装饰，用软毛刷蘸上甜菜根粉，轻轻刷在上方的 8 瓣花朵的尖端。

7 送入烤箱中，170℃，进行 15 分钟的烘烤定型即可。

桃花酪

制作方法

① 将熟鸡胸肉、熟山药和燕麦粉放入绞肉机中，搅打成细腻的肉团。

② 将肉团分成 2 份，取 1 份肉团，用甜菜根粉调成粉色，另外 1 份不调色。

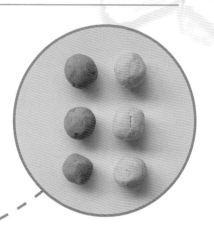

③ 各取粉色和原色肉团，混合成每个 30 克的渐变小丸子。

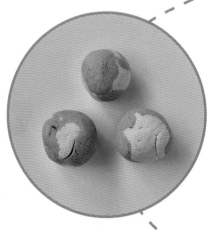

④ 将树莓和草莓直接包进小丸子中，外皮捏实。

⑤ 用桃花月饼模具逐个将包好的小丸子压成型，脱模即可。

🥄 准备材料

熟鸡胸肉 120 克　熟山药 50 克　熟燕麦粉 25 克
甜菜根粉适量
树莓若干　草莓若干

小贴士

模具按压的过程中，为防止鸡肉粘连，可先在模具中扑上 1 层熟燕麦粉。

春和景明

制作方法

1. 将熟鸡胸肉、熟山药和熟燕麦粉放入绞肉机，搅打成团。

2. 用果蔬粉调成喜欢的颜色，其中粉色和原色部分多一些，剩余的小部分分别调成黄色、绿色、蓝色和紫色备用。

3. 鸡心提前煮熟，放到绞肉机中打成碎末，然后与蒸熟的紫薯混合均匀，再加入少量羊奶，按压成团，分成每个 30 克的紫薯球备用。

4. 将粉色和原色肉团各分成每个 20 克的小球，然后各取 1 个颜色的小球随意捏在一起，揉成粉白渐变的小球。

准备材料

熟鸡胸肉 160 克　熟山药 60 克　熟燕麦粉 25 克
紫薯 140 克　鸡心 40 克
羊奶适量　菠菜粉适量　蝶豆花粉适量
甜菜根粉适量　南瓜粉适量　紫薯粉适量

⑤ 将紫薯球包入粉白小球中，搓圆，在模具表面随意填上不同颜色的肉团，后将包好的肉球放入其中，按压成型，脱模即可。

凤梨酥

制作方法

① 烤箱提前预热到 160℃，将大米粉平铺在烤盘里，烘烤 15 分钟。

② 烤好的大米粉放凉，加入约等量的沸水（水需要多次少量冲进去），搅拌，揉搓成团，大米团以几乎不粘手的状态为宜。

③ 取大约 30 克的大米团，用菠菜粉调成绿色。剩余的部分用南瓜粉调成黄色。

④ 熟鸡胸肉放进绞肉机中，搅打成鸡肉蓉的状态，南瓜蒸熟后晾凉备用。

⑤ 将椰蓉、南瓜和鸡肉蓉一起倒进碗里，轻轻用手抓匀，然后分成 30 克 1 个的小球，做夹心备用。

⑥ 黄色大米团分成 25 克 1 个的小球，绿色大米团分成 5 克 1 个的小球。

⑦ 将夹心部分分别包进每个黄色大米团中，搓圆。

🍴 准备材料

大米粉 100 克　熟鸡胸肉 130 克　南瓜 70 克
椰蓉 15 克
菠菜粉适量　南瓜粉适量

⑧ 取小菠萝模具，先将绿色部分放进菠萝的顶部叶子处，然后将包好的黄色大米团放进去，用手压成型后脱模。

小贴士

这样一道狗狗也可以吃的凤梨酥就制作完成啦！不仅外形是小菠萝的样子，就连夹心也是凤梨酥的质感哦～

蓝色仲夏夜

制作方法

① 烤箱预热到 160℃，将大米粉平铺在烤盘中，放入烤箱中烘烤 10 分钟。

② 虾肉提前煮熟，与熟山药一起倒入绞肉机中，搅打成细腻的肉团。

③ 将搅打好的肉团分成 6 个 30 克的小团，然后搓成长大约 4 厘米的圆柱形。

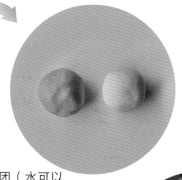

④ 大米粉中冲入大约等量的沸水，捏成大米团（水可以少量多次根据具体状态添加，直到大米团不粘手即可，切不可太湿润，否则后面擀皮的时候容易粘连）。

⑤ 将揉好的大米团分成 2 等份，1 份不调色，另 1 份加入少量蝶豆花粉调成蓝色。

⑥ 将两种颜色的大米团随意的揉在一起（不要过度揉搓），擀成薄片，裁切成 4 厘米的宽度，12 厘米左右的长度即可。

准备材料

熟山药 130 克　虾肉 50 克　大米粉 100 克

蝶豆花粉适量　迷迭香 1 小段

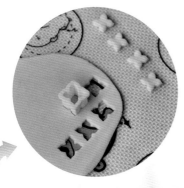

⑦ 用波浪形饼干模具将擀好的大米皮一端裁成波浪形圆弧，然后将做好的山药虾肉柱形放上去，小心从没有波浪的那头卷起。

⑧ 剩余的大米皮擀平，用绣球切割模具切出 12 片绣球花瓣，和迷迭香一起，装饰在表面。

龙井酥

制作方法

① 将外皮部分的熟鸡胸肉、熟山药、燕麦粉和菠菜粉一起放入绞肉机中搅打成细腻的肉团。

② 将夹心部分的鳕鱼提前煮熟，剔除鱼刺和骨头，彻底晾凉控干水分之后，与熟鸡胸肉、熟山药和奶酪放入绞肉机中，搅打成团。

③ 将外皮部分和夹心部分各分成每个 20 克的小球。

④ 白色夹心包入外皮中，揉成小球，用刮板按压成饼。

⑤ 用工具在中间压 1 个凹进去的圆形，接着用刀围着中心点将鸡肉饼平均切成 6 份。

🍴 准备材料

外皮部分：熟鸡胸肉 180 克　熟山药 80 克　燕麦粉 20 克

夹心部分：熟鸡胸肉 170 克　鳕鱼 40 克　熟山药 20 克

　　　　　　奶酪 40 克

　　　　　　菠菜粉适量　蛋黄液适量　芝麻适量

6 用手将每个部分都捏出尖角，并在每个花瓣上用刀轻轻划 3 刀，划出痕迹。

7 中间凹进去的圆形内点上些许蛋黄液，再撒上芝麻。

8 放入烤箱中，150℃，烘烤 20 分钟后取出晾凉即可食用。

慕斯琉璃扇

🥄 **制作方法**

① 将熟鸡胸肉、熟山药和南瓜粉一起放进绞肉机中，搅打成细腻的肉团。

② 取 6 英寸挞模具，将搅打好的肉团擀成大约 0.5 厘米厚，平铺进去。

③ 雪梨去核，切成薄片，整齐地排列进上一步的肉片中间，到大概深度的一半位置停止。

④ 将剩余的肉片盖在顶部，用底部比较平的工具将其压平实。

⑤ 吉利丁片放入冷水中泡软，取大约 90 克的饮用水，加热到 50～60℃，再将泡好的吉利丁放进去，搅拌均匀。

⑥ 将溶有吉利丁片的液体倒入挞模具中，使挞刚好被填满，随后将挞小心地放入冰箱冷藏。

准备材料

熟鸡胸肉 200 克　熟山药 65 克　雪梨 1 个　吉利丁片 3 克
南瓜粉适量　干桂花适量　饮用水 90 克

⑦ 待上面的液体完全凝固成果冻状，小心地取出脱模。再用刀将其均匀地切成 3 份，中间部分用圆形切割模具切出扇子内圈的形状。

⑧ 取花朵模具，用剩余的肉团做几朵装饰花朵，先在表面筛上少许南瓜粉后，将做好的花朵装饰上去，最后再撒上一些干桂花。

扇引微凉

🥄 制作方法 ─────────────

① 将熟鸡胸肉和熟山药加入绞肉机中，搅拌成细腻的肉团。

② 取 15 克左右的肉团不调色，15 克左右的调成棕色，剩余部分用果蔬粉调成黄色、橙色和绿色 3 种不同的颜色，其中黄色最多，绿色最少。

③ 将胡萝卜、彩椒和西蓝花一起放进锅中焯熟放凉，然后和冻干青口贝一起倒入绞肉机中，搅打成团，做夹心部分。

④ 将黄色肉团和夹心部分各平均分成 3 等份，然后将夹心部分包入黄色肉团中间。

⑤ 借助圆形切割模具将包好的肉团整成扇形。

⑥ 将橙色部分的肉团擀平，切割成和扇子边缘一样宽度的长条，并小心地贴在扇子边缘（如果边缘比较干，可以刷少量水使其黏合）。

准备材料

熟鸡胸肉 150 克　熟山药 50 克　冻干青口贝 4~5 颗

胡萝卜 1/4 根　彩椒 1/4 个　西蓝花 30 克

菠菜粉适量　南瓜粉适量　角豆粉适量　甜菜根粉适量

7 剩下的橙色捏成大小不一的半球形，仿照橙子表面，在上面扎出密密麻麻的小孔。绿色部分用叶子硅胶模具做出大小合适的树叶，原色鸡肉用压花模具压出花朵，棕色搓成树干。

8 最后将做好的装饰部分，按自己的喜好装饰到扇子表面即可。

法式甜品

☆ 二 ☆

伯爵慕斯

制作方法

① 燕麦片中加入熟山药和羊奶，均匀压碎，再倒入适量角豆粉调色。

② 将调好的燕麦泥装入纸杯蛋糕模具的底部压平，再放入烤箱中，160℃，烘烤15分钟。

③ 将熟鸡胸肉70克、角豆粉还有280克羊奶一起倒入绞肉机中，搅打细腻，而后加热到50~60℃。

④ 吉利丁片放入冷水中泡软，加入到鸡肉羊奶糊中，搅拌使其完全融化。

⑤ 接着将混合好的鸡肉羊奶糊倒入烤好的纸杯中，整体移入冰箱冷藏定型。

⑥ 待鸡肉羊奶糊完全凝固之后，取出脱模。将提前做好的山药泥挤在上面做"奶油"装饰。

🥄 **准备材料**

顶部：熟鸡胸肉 70 克　羊奶 280 克　吉利丁片 10 克

底部：燕麦片 50 克　熟山药 60 克　羊奶 20 克　角豆粉适量

装饰饼干：鸡胸肉 30 克　熟山药 10 克　角豆粉适量

装饰山药：山药 60 克　羊奶 15 克

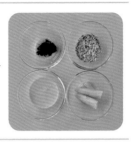

小贴士

饼干部分鸡肉泥做法可参考第五章可口饼干。

⑦ 提前用少量鸡胸肉加山药还有角豆粉打成鸡肉泥，用饼干模具做出饼干的造型，和绿叶一起装饰在"奶油"上即可。

酝酿春意

制作方法

① 将熟鸡胸肉和山药放入绞肉机，搅打成团。

② 取 240 克搅打细腻的肉团，加入甜菜根粉，调成粉色。其余肉团分成 4 份，分别用南瓜粉、紫薯粉、菠菜粉调成相应的颜色，还有一份不调色。

③ 将粉色肉团分成 20 克左右的小球，填入马卡龙模具中，按压成形后脱模备用。

④ 剩余颜色的肉团用模具做成花朵与叶子。

⑤ 裱花部分的山药与羊奶酪混合，加入适量水，按压、搅拌、过筛至丝滑状态。

🥄 **准备材料**

马卡龙饼皮部分：熟鸡胸肉 230 克　山药　100 克

甜菜根粉适量　南瓜粉适量

紫薯粉适量　菠菜粉适量

裱花部分：山药 100 克　羊奶酪 40 克　水 30 克

⑥ 将做好的山药羊奶酪夹心均匀的挤在马卡龙饼皮上。

⑦ 装饰上已经做好的小花与叶子。

草莓流心欧包

制作方法

① 将自制草莓树莓酱装入半圆形硅胶模具中，放冰箱冷冻凝固。

② 熟鸡胸肉、熟山药和奶酪放入绞肉机中，搅打成细腻的肉团。

③ 将肉团分成大小 2 份，分别用甜菜根粉和菠菜粉调成粉色和绿色（绿色少一点）。

④ 将粉色肉团分成 40 克每个的肉丸子，中间包上冷冻好的树莓酱，用手整成三角形小草莓的样子。

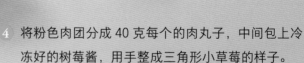

⑤ 绿色肉团擀成薄片，切割成等腰三角形，如图叠放在小草莓的顶端，再取一小块绿色肉团，捏成草莓蒂贴在叶子顶部即可。

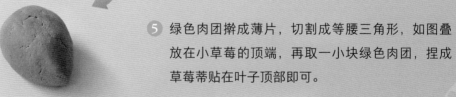

准备材料

熟鸡胸肉 150 克　熟山药 60 克　奶酪 30 克

草莓树莓酱适量

菠菜粉适量　甜菜根粉适量　熟白芝麻适量

6 最后用熟白芝麻在小草莓的顶部点缀出一个个草莓籽,这样一个可以流心的小草莓欧包就做好啦!

柳橙布丁

制作方法

① 将狗粮和熟红薯放入绞肉机中，打碎。然后加入隔水融化的奶酪，搅拌均匀。

② 取直径8厘米的挞模具，将做好的狗粮混合物饼底填进去，按压平实，为了易于脱模，可将其放入冰箱冷冻。

③ 橙子的果肉用榨汁机搅打成汁，并用网筛过滤。

④ 吉利丁片用冰水泡软，取滤好的橙汁100克加热到50～60℃，然后将泡软的吉利丁片放入，搅拌至完全融化。

⑤ 熟山药加入羊奶和角豆粉，搅碎，再用网筛过滤成细腻的山药泥备用。

🍴 **准备材料**

狗粮 30 克　熟红薯 40 克　奶酪 30 克　橙子 2 个

熟山药 160 克　羊奶 40 克　角豆粉适量

吉利丁片 3 克

⑥ 取出狗粮饼底脱模，然后将做好的橙子果冻放上去，再均匀地用裱花袋在周围挤上一圈一圈的山药泥。

⑦ 最后将橙子皮切碎，和绿色的叶子一起装饰在表面即可。

上述配方大约可做 3 个。

南瓜乳酪小柠檬

 **制作方法**

① 将熟鸡胸肉和 40 克熟南瓜一起放进绞肉机中，搅打成细腻的肉团。

② 将肉团分成每个 15 克左右的小球。

③ 将小球揉搓成半个柠檬的形状备用。

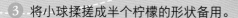

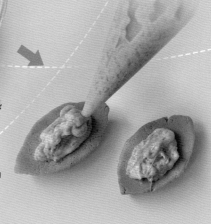

④ 奶酪隔水加热使其变软，加入 30 克熟南瓜，混合搅拌成细腻的南瓜奶酪泥。

⑤ 用裱花袋将南瓜奶酪泥挤在小柠檬中间，做夹心部分。

准备材料

熟鸡胸肉 200 克　熟南瓜 70 克　奶酪 30 克

椰蓉适量

⑥ 盖上另一半柠檬，然后在表面撒上少许椰蓉，这样小宝贝就可以享受美食啦！

树莓闪电泡芙

制作方法

① 将熟鸡胸肉和 50 克熟山药放入绞肉机中，搅打成团，做成泡芙的外皮，再倒入南瓜粉调出微微的黄色，做成泡芙的颜色。

② 西蓝花、胡萝卜和红甜椒提前煮熟，晾凉后加上 3 ~ 5 颗冻干青口贝，放入绞肉机中打碎。

③ 将泡芙外皮部分和夹心部分各自分成 3 等份。

④ 取 1 份夹心，用外皮包住，同时将包好的整体搓成长条状，并用工具在表面按压出线条，用来模拟真正的闪电泡芙外表。

准备材料

外皮部分：熟鸡胸肉 150 克　熟山药 150 克
　　　　　西蓝花 35 克

夹心部分：胡萝卜 25 克　冻干青口贝 3～5 颗
　　　　　红甜椒 30 克　羊奶 25 克

其　　他：南瓜粉适量　椰丝适量　甜菜根粉适量

⑤ 取熟山药 100 克，倒入加了甜菜根粉调色的羊奶 25 克，捣成泥
并过滤。

⑥ 最后将山药和树莓装饰在闪电泡芙表面，点缀上椰丝即可。

甜橙巴巴露亚

制作方法

① 橙子洗净，用削皮刀削出一部分橙皮。

② 将橙皮和羊奶一起倒入锅中，小火加热 3 ~ 5 分
钟，让橙子的香味融入羊奶中。

小贴士

有时间可以离火之
后，盖上盖子焖一会儿，
香味会更浓哦。

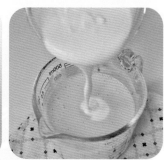

③ 过滤出橙子皮，锅中只留下羊奶，再将鸡蛋黄倒入，搅拌均匀之后，小火加热
至冒小泡即可离火。

④ 将液体放入室温冷却至 50 ~ 60℃，同时将吉利丁片放进冰水中泡软。

⑤ 泡软的吉利丁片加入到冷却好的溶液里，搅拌均匀，待其充分溶解之后，倒入
无糖酸奶。

准备材料

鸡蛋黄 2 个　羊奶 300 克　橙子 1 个
无糖酸奶 200 克　吉利丁片 15 克

⑥ 混合均匀的液体倒入事先准备好的纸杯中，放入
冰箱冷藏 4 ~ 5 小时。

⑦ 待羊奶冻完全凝固之后取出，撕掉外层的纸杯，
放上橙子片，撒上橙皮碎屑做装饰。

午后甜橙

🍳 **制作方法**

① 将熟鸡胸肉和 65 克熟山药放入绞肉机中，搅打成团。

② 取少量肉团，分别用南瓜粉和角豆粉调成黄色和棕色，
作为装饰部分备用。

③ 取未调色的肉团 80 克，包入几颗蓝莓，搓成球后
放入圆形模具中整成半圆形状。

④ 将棕色肉团擀成薄片，用圆形模具压出圆片，并一
分为二切成半圆。同时将黄色部分也擀成薄片，用
稍小的圆形模具将其压成薄片，一分为六切成等大
的扇形备用。

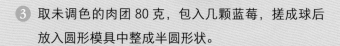

🍴 **准备材料**

熟鸡胸肉 200 克　熟山药 165 克
蓝莓适量　角豆粉适量　南瓜粉适量　羊奶 25 克

⑤ 将黄色扇形贴在棕色的半圆片上，压实后整体贴在做好的半圆形肉团的两侧。

⑥ 剩余的黄色肉团用印章压几个圆形图案做装饰。

⑦ 取剩下的熟山药加羊奶压成细腻光滑的山药泥，挤在肉团上，撒上少许南瓜粉，
然后将准备好的装饰放上即可。

创意小点

☆ 三 ☆

编制小花篮

 制作方法

① 熟鸡胸肉、熟山药和燕麦粉放进绞肉机中，搅打成细腻的肉团备用。

② 取一部分肉团，用手搓成条，对折后拧成麻花，折成圆弧形，刷上蛋黄液。

③ 在泡沫板上放一张烘焙纸，将纸杯放在中间，贴着纸杯的周围均匀固定好 10 根牙签。

④ 取一部分肉团，搓成长条（多搓几根备用），然后将肉条一里一外按照编织篮子的手法，一层一层地缠绕在牙签上，做成篮子的侧壁。

⑤ 将剩余的鸡肉擀成薄片，用圆形饼干切割模具切出篮子的底部，并用手将两部分轻轻捏在一起。

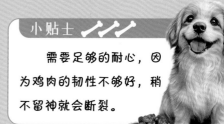

小贴士

需要足够的耐心，因为鸡肉的韧性不够好，稍不留神就会断裂。

准备材料

熟鸡胸肉 200 克　熟山药 80 克　燕麦粉 40 克
蛋黄液适量　时令水果若干

⑥ 给花篮表面均匀地刷上一层蛋黄液，侧面和底部
连接部分也刷一些，这样也可以起到粘贴的作用。

⑦ 将花篮部分转移进烤箱，170℃，烘烤 25 分钟后
取出放凉。提手部分以同样的温度，10 分钟定型
取出即可。（这里可以根据自己烤箱的实际温度来
进行调整。）

⑧ 最后将狗狗喜欢的水果装进去，再将提手固定在
篮子中间即可。

冰淇淋松饼

🍳 制作方法

① 将熟鸡胸肉、60 克熟山药和熟燕麦粉一起放入绞肉机中，搅打成细腻的肉团。

② 熟山药加羊奶压成泥，放入适量菠菜粉调成绿色，并过筛顺滑。

③ 从肉团中取出 30 克左右，放置一边不调色备用，剩余的加南瓜粉调成黄色。

④ 透明蛋糕围边裁成圆锥形固定好，将黄色鸡肉擀成厚一点的片，用圆形切割模具切成合适的大小，卷成圆锥形放入准备好的透明围边中，达到固定的作用。

⑤ 肉团用樱花模具做出几个樱花装饰。

🥄 准备材料

熟鸡胸肉 150 克　熟山药 210 克　熟燕麦粉 30 克
南瓜粉适量　菠菜粉适量　羊奶适量

⑥ 羊奶中加入南瓜粉，搅拌均匀后
装入小胶囊的酱汁滴管中。

⑦ 绿色山药泥装入裱花袋，用大号
6 齿裱花头像挤冰淇凌那样，将
山药泥螺旋式挤入松饼壳中。

⑧ 最后装饰上做好的樱花和小胶囊
即可。

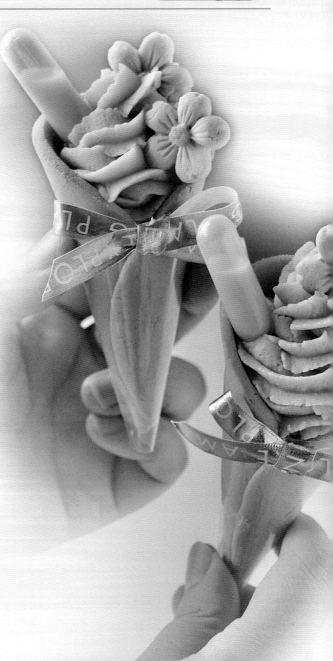

彩虹卷

制作方法

① 取熟山药 40 克、熟鸡胸肉以及燕麦粉一起
倒入绞肉机中，搅打成细腻的肉团。

② 将搅打好的肉团分成 2 部分，一部分用南瓜
粉调成黄色，剩余部分平均分成 6 份，分别
用甜菜根粉、红曲米粉、菠菜粉、蝶豆花粉
和紫薯粉调成粉色、橙色、绿色、蓝色、浅
蓝色和紫色。

③ 煮熟的虾肉、红椒和 100 克山药一起混合，搅打成团，然后分成 6 个 25 克的小
团并用手搓成长度大概为 5 厘米的圆柱体。

④ 取出黄色肉团擀成薄片，切割成宽度为 5 厘米，长 12 厘米的长条备用。再将剩
余的黄色和其余 6 种颜色的肉团分别擀成薄片,切割成长度为 12 厘米,宽度为 0.7
厘米的长条。

🍴 准备材料

熟鸡胸肉 100 克　熟山药 140 克　熟燕麦粉 20 克

虾 30 克　红椒 20 克

甜菜根粉适量　红曲米粉适量　南瓜粉适量

菠菜粉适量　蝶豆花粉适量　紫薯粉适量

⑤ 如图，将 7 种颜色的肉条分别按彩虹的颜色一条一条紧密排列，贴在宽 5 厘米的黄色薄片上。

⑥ 最后将彩虹面反转朝下摆放，取一个虾肉山药夹心卷在中间即可。

⑦ 用同样的方法制作完剩余的 5 个彩虹卷。

时光信笺

🍳 制作方法

① 将熟鸡胸肉、熟山药和熟燕麦粉一起放入绞肉
机中，搅打成团。

② 取搅打好的肉团一小部分，分成 3 份，1 份不
调色，剩余 2 份用红曲米粉和角豆粉调成红色
和棕色。再将剩余的所有肉团分成 2 份，1 份
用南瓜粉调成浅黄色，另外 1 份用南瓜粉加适
量角豆粉调成棕黄色。

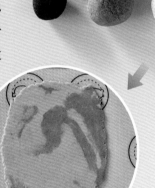

③ 我们首先将两种黄色的肉团浅浅捏在一起，营造
出复古纸张的感觉，然后擀平，切割成宽度为
10 厘米，长度为 20 厘米的长方形，把边缘用手
指压出褶皱，做出纸张做旧的卷边感。

④ 上面步骤完成后，将肉团小心地卷起来，整理一
下侧面。

🥄 准备材料

熟鸡胸肉 150 克　熟山药 60 克　熟燕麦粉 30 克
红曲米粉适量　角豆粉适量　南瓜粉适量

⑤ 棕色肉团搓成长条，缠绕在卷好的肉卷中间，模拟系绳。

⑥ 白色肉团用羽毛硅胶模具做成羽毛的造型，装饰在肉卷上方。

⑦ 红色部分擀成小圆片，用火漆印章印出造型，按压在棕色的绳子上即可。

手握抱抱卷

制作方法

① 将 150 克熟鸡胸肉和 50 克熟山药放入绞肉机中，搅打成细腻的肉团。

② 取大部分肉团，用蝶豆花粉调成蓝色，少许用南瓜粉调成黄色。然后将蓝色部分擀成厚片，用圆形切割模具切出 6 个肉片备用。

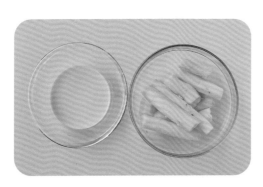

③ 将 140 克山药、35 克羊奶和南瓜粉打成山药泥并过滤。

④ 山药泥装入裱花袋中，配上大号 6 齿裱花头，挤在肉片中间。

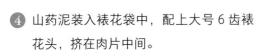

✎ **准备材料**

熟鸡胸肉 150 克　熟山药 190 克　羊奶 35 克
蝶豆花粉适量　南瓜粉适量　千叶吊兰叶子适量

⑤ 用樱花硅胶模具制作
抱抱卷上面的装饰花
朵，白色做花心，分
别压出蓝色和黄色
2 种颜色的花朵。

⑥ 最后，和千叶吊兰的
叶子一起装饰在抱抱
卷上。

夏日缤纷果乐

制作方法

① 提前将各种水果处理好，橙子切片，羽衣甘蓝撕碎。

② 吉利丁片放入冰水中泡软后，加入到 50～60℃ 的水中，搅匀使其完全融化。

③ 取直径 7 厘米的半圆形硅胶模具，将水果铺满。

④ 将混合好吉利丁片的果冻液倒入硅胶模具中，使其填满整个模具，然后整体转移到冰箱冷藏凝固。

⑤ 将熟鸡胸肉、熟山药和燕麦粉一起放入绞肉机中，搅打成团。肉团擀平，用直径 8 厘米的挞模具压出底部。

⑥ 取一部分肉团搓成细长条，编成三股的麻花，作为挞的侧壁和做好的底部固定在一起，按压牢固。

准备材料

熟鸡胸肉 150 克　熟山药 60 克　燕麦粉 30 克
蓝莓若干　树莓若干　橙子 1 个　羽衣甘蓝 1 个
吉利丁片 15 克　饮用水 400 克　蛋黄液适量

7 在挞的表面以及外侧轻轻刷一层蛋黄液，并且与底部连接的部分也需要刷上蛋黄液，这样可以使整个挞变得更加牢固。

8 接下来将做好的挞转移进烤箱，160℃烘烤 20 分钟后取出，晾凉。

9 将凝固好的果冻从冰箱中取出，脱模后扣在挞的中央，这样一款好吃又健康的水果缤纷挞就做好啦！

小贴士

吉利丁的多少根据果冻的实际用水量来确定，大致来说吉利丁和水的比例一般是 1:30 左右，如果果冻的大小不一样，我们可以根据比例换算一下就好。

欢乐炸鸡

🍳 制作方法

① 熟鸡胸肉、熟鸭胸肉、熟牛肉、甜椒、奶酪和欧芹碎放入绞肉机中混合打碎。

② 将混合好的肉团分成每个 30 克大小的小团，用手捏成小鸡腿的样子。

③ 向蛋黄液中加入南瓜粉，搅拌过程中可根据情况适量增加南瓜粉的量，直至它成为小颗粒的状态，这样炸粉就做好啦。

④ 我们给小鸡腿表面刷 1 层蛋黄液，然后放入做好的炸粉中滚 1 圈，使其表面均匀地粘上 1 层酥皮。

⑤ 待所有的小鸡腿都粘上酥皮之后，将其放入烤箱中，150℃烘烤 20 分钟后取出。

准备材料

熟鸡胸肉 60 克　熟鸭胸肉 60 克　熟牛肉 30 克

奶酪 30 克　甜椒 1/4 个

欧芹碎适量　蛋黄液适量　南瓜粉适量

小贴士

　　步骤 1 混合时，如果肉团太干，可以稍微再添加一些甜椒来调整肉团的含水量。因此我们可以在放完鸡胸肉和奶酪之后，先将其搅打均匀，甜椒少量多次添加，直到用手捏可以轻松成团，但不散开或者黏着为最好的状态。

星球汉堡

制作方法

1 将熟鸡胸肉、40 克熟山药和奶酪一起放入
绞肉机中，搅打成细腻的肉团。

2 将肉团分成大小 2 份，大一点的用蝶豆花粉
调成蓝色，小一点的用菠菜粉调成绿色。

3 将牛肉和剩余的 40 克熟山药放入绞肉机中，搅打成肉泥。

4 汉堡皮的制作：取蓝色和绿色（少一点）一共 60 克的肉
团混合，但不要过分揉搓，两种色块的颜色需要分明一些。
混合好之后，用手将汉堡整成面包的样子。

5 肉泥分成每 35 克 1 个的小团搓成球，然后用手稍稍
压平，做成夹心肉饼。

6 烤箱提前预热到 150℃，将做好的汉堡皮和牛肉饼
一起放入烤箱中，150℃烘烤 25 分钟。

7 西红柿切薄片，芝士切成和汉堡一样大
的方形，菜叶洗净备用。

🍴 准备材料

熟鸡胸肉 150 克　熟山药 80 克　奶酪 20 克　牛肉 80 克
生菜 / 羽衣甘蓝 1 个　西红柿 1 个　芝士片若干
菠菜粉适量　蝶豆花粉适量

⑧ 将烤好晾凉的汉堡皮从中间切成两层，夹上牛肉饼
和西红柿生菜等，这样一道美味又营养的星球汉堡
就这样完成啦！

钻石切糕

制作方法

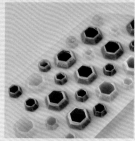

1. 取 3 克吉利丁片放在冰水里泡软。

2. 将 100 克左右的水加热到 50 ~ 60℃后，将泡好的吉利丁片放入水中，搅拌使其充分溶解，然后平均倒入每个除角豆粉之外的果蔬粉中。

3. 取钻石硅胶模具，将得到的各种颜色液体倒入大小不一的钻石造型中，放冰箱冷冻待完全凝固。

4. 剩余的 12 克吉利丁片放进冷水中泡软，同时将羊奶加热到 50 ~ 60℃，然后将泡好的吉利丁片放进去，搅拌均匀后加入无糖酸奶。

5. 在混合完全的溶液中取少部分羊奶溶液，加角豆粉调成咖啡色。

准备材料

羊奶 150 克　无糖酸奶 200 克　吉利丁片 15 克　甜菜根粉适量
紫薯粉适量　蝶豆花粉适量　菠菜粉适量　南瓜粉适量　角豆粉适量

6 提前在 4 英寸的方形慕斯圈底部蒙上 1 层保鲜膜，先将咖啡色
溶液倒入底部，冷藏待其凝固之后取出。

7 将大小不一的钻石随意摆放 1 层，再将剩余的羊奶溶液倒进去
1 层，使其刚刚盖住摆放好的钻石，待稍微冷藏之后再继续刚才
的操作，最终将模具填满。

8 整体做完之后，放冰箱冷藏至少 4 小时之后取出脱模。

美味蛋糕

☆ 四 ☆

爱心蛋糕

🍳 **制作方法**

① 将熟山药和羊奶一起搅打细腻并过筛。

② 熟鸭胸肉、熟猪里脊、熟鸡肝、熟山药和甜菜根
粉放入绞肉机中，搅打成团。

③ 将肉团擀成厚片，用心形的切割模具切成 5 片
合适大小的肉饼备用。

④ 取一部分山药泥，调成浅粉色和深粉色，另外一
部分为白色。

⑤ 用白色山药泥做夹心将 5 片肉饼一层层叠起来。

⑥ 先用浅粉色山药泥将
蛋糕外表整体抹上。

⑦ 取少量深粉色和白色做点缀，涂抹出渐变的纹理。

🍴 准备材料

蛋糕主体部分： 熟鸭胸肉 130 克　熟猪里脊 30 克　熟鸡肝 20 克　熟山药 80 克

裱花部分： 熟山药 200 克　羊奶 60 克　甜菜根粉适量

⑧ 剩余白色装进裱花袋中，用合适的裱花头沿蛋糕顶端边缘和底部挤出一圈小花。

⑨ 在侧面裱上裙边和蝴蝶结，顶端写上小狗狗的名字，这样一款简单又好看的爱心小蛋糕就制作完成啦！

蝉鸣惊夏

制作方法

① 青口贝煮熟，然后和熟鸡胸肉、熟山药一起放入
绞肉机，搅打成团，做饼皮部分。

② 猪里脊、鲜虾、孢子甘蓝提前煮熟，然后用绞肉
机打成团做夹心。

③ 将饼皮部分擀成均匀的厚片，
取 4 英寸大小的方形慕斯圈，
压出 3 片，做蛋糕坯。

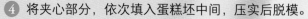

④ 将夹心部分，依次填入蛋糕坯中间，压实后脱模。

⑤ 用白色山药抹面，并取少部分山药用菠菜粉调成淡绿
色，进行表面装饰。

⑥ 剩余的肉团分别调成粉色与绿色。

🥄 准备材料

蛋糕主体部分：熟鸡胸肉 270 克   青口贝 3 个   熟山药 90 克

猪里脊 70 克   鲜虾 3 个   孢子甘蓝 20 克

菠菜粉适量   甜菜根粉适量

裱花部分：山药 140 克   羊奶 35 克

7 将绿色做成莲蓬与荷叶，粉色做成荷花，最后装饰在蛋糕表面。

落樱如梦

🥄 制作方法

① 鸡肝、龙利鱼提前煮熟，和熟鸡胸肉和熟山药放入绞肉机，搅打成团。

② 取少许甜菜根粉和南瓜粉，将搅打细腻的肉团分别调成粉色与黄色（少量）2 种。

③ 将调的粉色肉团擀至 1 厘米厚，用饼干切割模切成合适大小的圆片，备用。

④ 取黄色肉团做花心，粉色肉团做花瓣，填入樱花模具中，做出 2 种大小不同的樱花装饰。

⑤ 将裱花部分的山药与羊奶混合并搅拌过筛至丝滑状态。

准备材料

蛋糕主体部分： 熟鸡胸肉 140 克　　鸡肝 20 克　　龙利鱼 20 克

　　　　　　　　熟山药 80 克　　甜菜根粉适量　　南瓜粉适量

裱花部分： 山药 120 克　　羊奶 35 克

装饰： 椰丝适量　　千里香 2 根

⑥ 将切好的粉色鸡肉饼平铺在盘子中央，挤上山药装饰。

⑦ 用小勺将最上面的山药轻轻向内抹平。

⑧ 放上提前准备好的装饰樱花，最后用千里香点缀，撒上少许椰丝即可。

碧海浅滩

🍳 制作方法

① 熟燕麦片加香蕉压碎拌匀，填进 4 英寸大小的慕斯圈中，压平，放入冰箱冷冻待其变硬之后取出脱模备用。

② 将 70 克鸡肉加羊奶放入绞肉机中，搅打成细腻的肉糊。

③ 取 7 克吉利丁片，放入冷水中泡软。肉糊加热到 50～60℃，然后将泡软的吉利丁加进去，搅拌使其充分溶解。

④ 取 4 英寸大小的方形慕斯圈，底部绷 1 层保鲜膜，然后将混合好吉利丁的肉糊倒进去，放入冰箱冷藏凝固。

⑤ 水中加入蝶豆花粉，将剩下 3 克的吉利丁泡好后加入，制成蓝色液体，倒入之前已经凝固了的肉糊中，继续放入冰箱冷藏成冻。

🥄 准备材料

熟鸡胸肉 120 克　鳕鱼 30 克　熟山药 15 克
吉利丁片 10 克　羊奶 150 克　熟燕麦片 45 克
香蕉 1 根　蝶豆花粉适量　椰蓉适量

⑥ 50 克鸡肉单独放入绞肉机中搅打成碎末，倒出 10 克左右做装饰，剩余部分加入 15 克山药搅打成细腻的肉团备用。

⑦ 从冰箱中将完全凝固好的冻取出后脱模，然后整齐的叠放在步骤 1 做好的香蕉燕麦片上。

⑧ 肉团用模具做出贝壳和海螺样子的装饰。

⑨ 最后撒上鸡肉碎和椰蓉装饰，再将贝壳与海螺装饰在表面即可。

春日赠礼

🍳 制作方法

① 大米粉提前平铺在烤盘上，160℃烘烤 15 分钟，将其完全烘熟。

小贴士

也可以用平底锅炒熟，但切记炒制过程中火不要太大，以防糊锅变色。

② 兔里脊肉、鸭胸肉、虾、甜椒、胡萝卜和西蓝花提前煮熟晾凉，然后一起倒入绞肉机中打碎直至成团。

③ 将打好的肉团像蛋糕那样整成一个高 4 厘米，直径为 10 厘米左右的圆柱体备用。

④ 大米粉取 60 克，放入少许菠菜粉，冲入大约 55 克的沸水。剩余部分的大米粉分成 30 克和 10 克，30 克的加少许甜菜根粉，10 克的不加，分别用同样的方式制成大米团。

小贴士

这里要提醒的是：为了揉成的大米团黏度合适，建议水少量多次冲入，直至大米团不粘手，捏起来软硬适中即可。

⑤ 将做好的绿色大米团擀成薄片（尽量薄一些，以不烂好操作为宜），将其切分成长 12 厘米，宽 6 厘米左右的长方形薄片，并如图折出像布料一样的纹路。

🍴 **准备材料**

兔里脊肉 100 克　鸭胸肉 100 克　虾 30 克　甜椒 30 克

胡萝卜 30 克　西蓝花 40 克　大米粉 100 克

菠菜粉适量　甜菜根粉适量

⑥ 将折好的米皮小心地贴在圆柱形蛋糕上，顶部需要包裹严实看不见
内馅，底部只需稍微折进去一点，保证侧面不露出来即可。

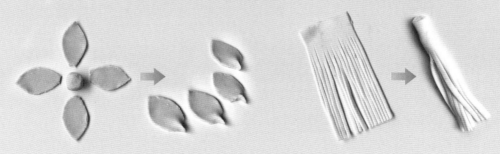

⑦ 粉色大米团也擀成薄片（比绿色的稍微厚
点），如图，用小刀刻出 4 个粉色装饰叶片，
和 1 个小正方体，贴在蛋糕的顶部。

⑧ 最后将白色米团擀成薄片，
如图切出细条纹，将一头
压在粉色叶片下面，一头
自然垂在侧边，做成挂饰。

繁华三月

制作方法

① 取 70 克熟山药压碎，倒入 30 克狗粮中拌匀，直到能黏结成团的状态就行。

② 取直径 8 厘米的慕斯圈，将山药狗粮分成两份，分别填进 2 个慕斯圈中压实，放入冰箱冷冻脱模。

③ 鲜虾仁、甜椒、胡萝卜和西蓝花提前煮熟，晾凉后一起放入绞肉机中打碎，压成直径比 8 厘米稍小的圆饼做夹心部分。

④ 熟鸡胸肉、熟山药和甜菜根粉也放入绞肉机中，搅打成团。

⑤ 取刚才的慕斯模具，先将一部分肉团放进去，贴壁按压均匀。

⑥ 再将做好的夹心夹在中间，最上面再盖上肉团按压成一体即可。

⑦ 小心将其脱模取出，放在已经做好的狗粮片上面。

🥄 准备材料

饼底： 狗粮 30 克　熟山药 70 克

蛋糕体： 熟鸡胸肉 180 克　熟山药 60 克　虾仁 3 个
　　　　　甜椒 1/4 个　胡萝卜 20 克　西蓝花 20 克

装饰部分： 熟山药 120 克　羊奶 35 克　甜菜根粉适量　树莓若干
　　　　　冻干无花果若干　羊奶粉适量　椰蓉适量

---

⑥ 熟山药加羊奶按压过筛，调成山药泥，做裱花装饰部分。

⑦ 用山药在蛋糕表面挤出裱花装饰，放上冻干无花果和树莓装饰。

⑧ 最后将羊奶粉加甜菜根粉和少量水一起，做成淋面装饰，挤在蛋糕周围，顶部轻轻撒上椰蓉，再装饰上绿叶，蛋糕就做好啦！

月桂菲然

🍳 **制作方法**

① 将熟鸡胸肉、鸡蛋、大米粉、羊奶、胡萝卜和
肉桂粉一起放入绞肉机中搅打成糊。

② 肉糊装入裱花袋中，挤入提前准备好的纸杯中，
挤到 8 分满的位置即可。

③ 烤箱提前预热到 160℃，将挤好的肉糊放入烤
箱中，烘烤 25 分钟后取出晾凉。

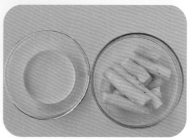

④ 山药加水压成泥状，并用网筛过筛至细腻状态。

⑤ 待蛋糕完全晾凉之后，将外面的纸杯去掉，在顶部挤上厚厚的
一层山药泥，并用小刮刀将周围整理平整，内部旋转出纹理感。

⑥ 椰蓉加少量角豆粉混合均匀，并沾满山药的侧面。

🥄 准备材料

熟鸡胸肉 100 克　鸡蛋 2 个　大米粉 20 克
羊奶 50 克　胡萝卜 50 克　肉桂粉 1 克　熟山药 160 克
水 50 克　椰蓉适量　角豆粉适量　迷迭香叶适量

7　剩余山药加甜菜根粉和南瓜粉调成橙黄色，用裱花袋在小蛋糕顶端挤出小胡萝卜的形状。

8　最后在挤好的小胡萝卜顶端插上迷迭香叶子，就大功告成啦！

山峦之巅

 **制作方法**

① 龙利鱼提前煮熟，晾凉后和羊奶一起放入绞肉机中，搅打成细腻的肉糊。

② 吉利丁片放入冰水中泡软。

③ 肉糊加热至 50～60℃之后，将泡好的吉利丁片放入，搅拌使其充分溶解。

④ 取出山脉形状的硅胶模具，将混合好的溶液倒入，至模具深度的二分之一位置即可，然后将其移入冰箱冷藏。

⑤ 剩余肉糊放入少许蝶豆花粉调成蓝色，待下层稍微凝固，再将蓝色部分注满模具。

 **准备材料**

龙利鱼 50 克　　羊奶 100 克　　吉利丁片 5 克
蝶豆花粉适量

⑥ 冰箱冷藏至少 4~5 小时，待其彻底凝固之后，
取出脱模盛入玻璃盘中，周围浇上少许羊奶做
装饰。

雪域玛芬蛋糕

🥘 **制作方法**

① 熟鸡胸肉、熟兔里脊肉、鸡蛋、大米粉、羊奶和南瓜一起放入绞肉机中搅打成细腻的肉糊。

② 向搅打好的肉糊中加入适量的角豆粉，将肉糊调成巧克力色。

③ 取出提前准备好的 6 个杯子蛋糕的纸杯，将肉糊注入每个纸杯大约 1/3 的量，然后将切成块的秋葵放进去，再将剩下的肉糊平均挤在每个杯子上。

④ 烤箱预热到 160℃，将做好的肉糊连同纸杯一起放进去烘烤 25 ~ 30 分钟，烤熟后取出，晾凉。

🥄 准备材料

熟鸡胸肉 60 克　熟兔里脊肉 60 克　鸡蛋 2 个

大米粉 30 克　羊奶 60 克　南瓜 50 克　秋葵 2 根

角豆粉适量　羊奶粉适量　大米粉适量　燕麦片适量

⑤ 燕麦片平铺进烤盘，170℃，烤到燕麦片的颜色变成巧克力色即可拿出。大米粉用同样的方式，放进烤箱中，温度 160℃，烘烤 10 分钟左右。

⑥ 将羊奶粉加少量水，调成稠酸奶的状态，用刷子刷在烤好的的蛋糕侧面，然后将整个侧边滚上烤好的燕麦片，最后在顶部筛上大米粉即可完成。

樱花雪山奶盖

制作方法

① 将甜椒、胡萝卜、鸡肝、青口贝和西蓝花煮熟，然后与熟鸡胸肉一起放入绞肉机中搅打成细腻的肉团。

② 搅打好的肉团用手整成上小下大的立体圆柱形，并在顶部掏出 1 个内陷的小坑。

③ 羊奶中加入甜菜根粉（根据需要的深浅度确定加粉的量）搅匀，然后将其倒入熟山药中捣成泥，并过筛至细腻状态，做成蛋糕的奶油抹面。

④ 用刮刀将山药泥均匀地抹在鸡肉上，并在外表拉出纹理，均匀地撒上 1 层椰蓉。

⑤ 酸奶和羊奶粉混合，调成黏稠的糊状，参考的状态是用勺子舀起然后画"8"字，以"8"字不容易立即消失为理想状态。

 准备材料

蛋糕主体部分：熟鸡胸肉 150 克　鸡肝 20 克　青口贝 3 个
　　　　　　　甜椒 30 克　胡萝卜 30 克　西蓝花 40 克
外表部分：熟山药 140 克　羊奶 35 克　甜菜根粉适量
　　　　　椰蓉适量
奶盖部分：酸奶　羊奶粉

❻ 最后将酸奶糊挤入蛋糕上方的小坑内，并沿着外圈挤出边缘，做成奶盖。

小贴士

　　一般来说，要想山药泥细腻就必须在使用前用网筛整体过筛，但如果你有均质机的话，这个步骤就会变得尤为简单哦。

可口饼干

☆ 五 ☆

鲷鱼小饼干

🍳 **制作方法**

① 将熟鸡胸肉和奶酪放入绞肉机，搅打成团。

② 取少许紫薯粉，将搅打细腻的肉团分别调成紫色，并将调好色的肉团擀至厚度为 0.5 厘米的薄片。

③ 取出鲷鱼饼干模具压出小鱼模型。

④ 压好的小鱼其中一半用圆形切割模具切出中空的圆形。

⑤ 羊奶粉加少量水混合成黏稠，呈酸奶状的液体。

⑥ 取部分挤在压好的饼干上，盖上另 1 片饼干，轻微按压后，并继续将中间圆圈部分挤满。

🍴 **准备材料**

熟鸡胸肉 200 克　奶酪 60 克　紫薯粉适量
羊奶粉适量　蝶豆花粉适量　角豆粉适量　水少量

⑦ 转移到烘干机中 50℃烘干 1 小时，进行整体定型。

⑧ 等鲷鱼中间的羊奶粉液体表面凝固之后，将剩余液体调
　成蓝色、粉色和棕色，画上眼睛和嘴巴等装饰。

⑨ 再继续放入烘干机中 50℃进行烘干，8～9 小时。

梵高的向日葵

🍳 **制作方法**

① 将熟鸡胸肉、山药以及奶酪放入绞肉机,搅打成团。

② 用果蔬粉分别将搅打好的肉团调成 5 种不同的颜色,作为饼干主体部分,蓝色部分稍多,其次是黄色。

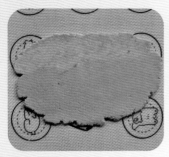  

③ 将蓝色部分与黄色部分分别揉搓成条,上下整齐的按压在一起。

④ 将按压好的肉团擀成厚度为 0.5 厘米的薄片,用边缘是波浪的圆形饼干模具按压出形状。剩余的边角料也可以压成同样的大小做背面的饼干。

⑤ 剩下的黄色肉团,用花瓣模具拓出颜色和大小不同的花朵。绿色部分用硅胶模具压出叶子。再取少量棕色、黄色部分混合,随意捏出 1 个小花瓶。(这里也可以根据自己的喜好搭配哦～)

准备材料

饼干部分：熟鸡胸肉 300 克　山药 30 克　奶酪 60 克

夹心部分：山药 100 克　水适量

其他：南瓜粉适量　甜菜根粉适量　蝶豆花粉适量
　　　菠菜粉适量　角豆粉适量

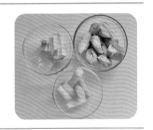

6　最后将叶子、花朵、花瓶装饰在饼干上。所有的
　装饰都需要用手按压平整，这样烘出来的才不容
　易掉落。

7　将做好的饼干放入烘干
　机中 55℃烘干 1~2 小
　时定型。

8　蒸熟的山药加少量水搅
　打细腻，做中间的夹心。

小贴士

　我们这款饼干做好后可以直接当作鲜食食用，如果暂时吃不完，可放在冰箱冷藏，两天内使用完毕即可。

莫奈花园

制作方法

1. 将熟鸡胸肉、熟山药以及奶酪放入绞肉机，搅打成团。

2. 用果蔬粉分别将搅打好的肉团调成 5 种不同的颜色，浅蓝色作为饼干主体部分。

3. 用樱花模具和菊花模具将各色肉团做成不同颜色的花朵备用，绿色部分也用叶子硅胶模具压成树叶的形状。

4. 将做好的花朵和叶子整齐地排列在擀好的肉饼皮上，并稍用力压实，剩下的边角料混合在一起可以做夹心饼干的下层。

5. 取圆形饼干模具，将做好的饼皮切分成圆形，放入烘干机中 50℃烘干 1~2 小时。

🍴 准备材料

饼干部分：熟鸡胸肉 300 克　熟山药 60 克　奶酪 60 克
南瓜粉适量　紫薯粉适量　蝶豆花粉适量
菠菜粉适量

夹心部分：熟山药 200 克　羊奶 50 克

⑥ 将熟山药和羊奶混合，搅打或按压成细腻的打
发奶油状态，挤在下层饼干上，最后盖上有装
饰花朵的饼干。

⑦ 做好的饼干可以直接当鲜食食用，也可以继续
放入烘干机中，直至烘干，烘干过程需要 9 小
时左右，可根据自己的烘干机做相应的调整。

🦴 小贴士

如果花朵黏在饼皮上
容易脱落，可试着用少量
蛋黄液增加黏性。

甜蜜信笺饼干

🍳 制作方法

① 将熟鸡胸肉、熟山药以及奶酪放入绞肉机，搅打成细腻的肉团。

② 取少量搅打好的肉团，用甜菜根粉分别调成 2 种不一样深浅的粉色。

③ 未调色的肉团擀成大约 0.2 厘米厚度，切割成边长为 6 厘米的正方形，叠成信封的形状。

④ 用心形的压花模具，压出大小不一，颜色不同的心形，贴在信封表面作为装饰。

准备材料

熟鸡胸肉 260 克　熟山药 30 克　奶酪 60 克
甜菜根粉适量

⑤ 将做好的信封全部放入烘干机中，55℃进行烘干，时间为 7~8 小时。也可以不用烘干，直接作鲜食食用。

星星饼干

制作方法

① 将熟鸡胸肉、山药、奶酪以及适量南瓜粉放入绞肉机,搅打成团。

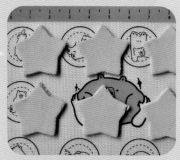

② 将肉团擀至厚度为 0.5 厘米的薄片,取两种规格的星星饼干模具备用,先用直径稍大的模具将擀好的肉片压出星星的形状。

③ 取出其中一半,再用直径稍小的模具切出中空的星星。

④ 羊奶粉加少量水混合黏稠,呈酸奶状的液体,取一部分挤在压好的饼干上,并盖上另一片中空的星星,轻微按压后,继续将中间中空的部分挤满。

⑤ 转移到烘干机中 55℃烘干,1 小时,进行整体定型。

🍴 准备材料

熟鸡胸肉 230 克　山药 30 克　奶酪 40 克

南瓜粉适量　羊奶粉 30 克　甜菜根粉适量

蝶豆花粉适量

⑥ 等星星中间的白色羊奶粉液体表面凝固之后，将剩余液体调成蓝色、粉色和深红色，画上眼睛、腮红和嘴巴做装饰。

⑦ 再继续放入烘干机中 50℃烘干，8～9 小时。

小贴士

调羊奶粉加水的时候，需要少量多次添加，烘干时间和温度可以根据自己的烘干机进行具体调整。

雪沙乳酪曲奇

制作方法

① 新鲜柑橘剥皮，去籽，压出汁水，过滤放一边备用。果肉部分挑出籽，剩余部分备用。

② 将柑橘果肉、熟鸡胸肉和山药放进绞肉机，搅打成团（柑橘果肉少量多次添加，直到成团即可）。

③ 将肉团均分成 20 克 1 个的小圆球，均匀地滚上 1 层大米粉，放入棒棒糖模具中，并用擀面杖在中间轻轻按压出小坑。

④ 取出按压好的肉饼，放入烤箱中，170℃，10 分钟烘烤定型。

⑤ 奶酪隔水软化之后，将第一步的柑橘汁分次倒入其中，并混合均匀成浓稠酸奶状，颜色不够可适当加点南瓜粉调色。

⑥ 将做好的柑橘汁奶酪装入裱花袋，挤入烤好的曲奇饼中。

准备材料

熟鸡胸肉 200 克　　山药 40 克　　奶酪 30 克
柑橘 1 颗　　大米粉适量　　南瓜粉适量

7 如果想做成饼干可放入烘干机中烘干，或者当作鲜食即时给
小狗狗食用。

小贴士

烘干的话，烘干机的温度大约是
55℃，时间为 8~9 小时，具体可根据
自己的烘干机做适当调整。

开胃山楂小饼干

制作方法

① 熟鸡胸肉、65 克奶酪和姜黄粉一起放进绞肉机
中，搅打细腻。

② 将搅打好的肉团擀成 0.5 厘米厚，用吐司形状的
饼干模具切出一个个"小吐司"。

③ 将切好的饼干转移至烘干机中，60℃烘干 1 小
时定型。

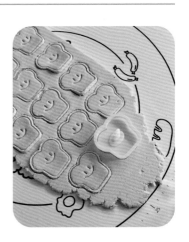

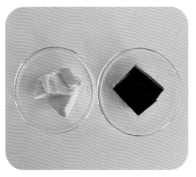

④ 将自制山楂糕放入锅中融化，加入剩余 30 克的奶酪，搅拌均匀后
装入裱花袋备用。

⑤ 取定型好的"小吐司"，在没有图案的那一侧挤上制作好的山楂奶
酪酱，随后再盖上另一片。

准备材料

熟鸡胸肉 200 克　奶酪 95 克
姜黄粉 1 克　自制山楂糕 30 克

6 全部制作完成后即可当鲜食食用，如果想要完全烘干，则可继续放入烘干机中，50℃烘干 8～9 小时就可以啦！具体时间根据自己的烘干机稍作调整哦

流心曲奇饼干

制作方法

① 熟鸡胸肉、奶酪和甜菜根粉一起放入绞肉机中搅打细腻。

② 将搅打细腻的肉团擀至厚度1厘米左右,用直径8厘米的饼干模具裁切成3个肉饼。

③ 用手将肉饼的边缘整理圆滑,并将中间稍稍向下按压出一个浅浅的小坑。

④ 取圆形硅胶饼干模具,用剩余的肉团做出小饼干,和上一步的肉饼一起转移进烘干机中,60℃烘干1小时定型。

⑤ 定型完毕后,将饼干取出。羊奶粉加少量水混合成浓稠酸奶状,挤在底部曲奇凹陷的位置。(注意不要挤太多,否则可能会溢出。)

准备材料

熟鸡胸肉 200 克　奶酪 65 克　甜菜根粉适量
羊奶粉 15 克

⑥ 最后将小饼干放在羊奶糊上，轻轻按压固定就好。这样，制作成的曲奇就可以即时食用啦！

甜橙司康

制作方法

① 将熟鸡胸肉、熟山药和南瓜粉放入绞肉机中，搅打成团。

② 肉团擀成厚片，用圆形饼干切割模具切成司康饼干的样子。

③ 将羊奶粉加水调成稠酸奶状态，蘸在司康饼干上，放入烘干机中 65℃烘干定型。

④ 待表面的羊奶凝固之后，可再蘸 1 层，最后用调好的羊奶液粘上烘干橙子片和迷迭香进行装饰。

准备材料

熟鸡胸肉 300 克　熟山药 90 克　南瓜粉适量
羊奶粉适量　烘干橙子片若干　迷迭香 1 小段

⑤ 做好的饼干可以直接当鲜食食用，也可以继续放入烘干机中，直至烘干，烘干过程需要 10 小时左右，可具体根据自己的烘干机在时间上做相应的调整。

自制挞类

☆ 六 ☆

爆浆小丸子

制作方法

① 向蒸熟的山药中加入燕麦片、羊奶和适量角
豆粉捣碎，并搅拌均匀。

② 在花型水果挞模具中涂上 1 层薄薄的橄榄油
后，将搅拌均匀的山药泥混合物平整地按压
在模具上，放入烤箱，170℃，15 分钟烘烤
定型。

③ 熟鸡胸肉和熟山药倒入绞肉机中，搅拌成团。

④ 取出打好的肉团搓成每个 15 克的小丸子，每 2 个穿在 1 根竹签上。

⑤ 烤好的挞脱模放凉之后，倒入无糖酸奶，再将小丸子串放在上面，最后撒上氛围
组的南瓜粉，这样简单的爆浆小丸子就制作完成啦！

🥄 准备材料

小丸子： 熟鸡胸肉 150 克　熟山药 50 克

挞皮部分： 燕麦片 100 克　山药 120 克　角豆粉适量

　　　　　　羊奶 40 克　南瓜粉适量　无糖酸奶适量

绿野仙踪

制作方法

1. 将熟鸡胸肉、熟山药以及菠菜粉放入绞肉机中搅打成团。

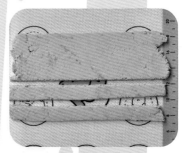

2. 将搅打细腻的肉团擀成 0.5 厘米厚，先切出长条形做挞的边缘，再切出底部圆形部分，放入直径 8 厘米的圆形挞模具中，按压捏合平整，使其粘贴牢固，并用牙签在底部均匀的扎出排气小孔。

3. 做好的挞放入烤箱中，150℃，烘烤 15 分钟定型。

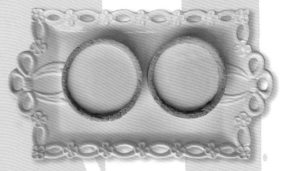

4. 用叶子硅胶模具将剩余的肉团做出装饰部分的叶片备用。

5. 奶酪隔水融化，倒入稠酸奶中，混合均匀之后，挤入烤好的挞皮中。

🥄 **准备材料**

熟鸡胸肉 150 克　熟山药 50 克　无糖酸奶 100 克
奶酪 30 克
菠菜粉适量　椰蓉适量

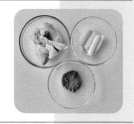

❻ 在酸奶表面撒上 1 层椰蓉，装饰上叶片，这道清爽又开胃
的绿叶仙踪就完成啦！

抹茶布丁杯

制作方法

① 将燕麦粉和香蕉混合在一起，并搅拌均匀成泥。

② 将香蕉泥倒入提前准备好的纸杯中，按压均匀，放入烤箱中，170℃，20分钟烘烤定型。

③ 吉利丁片用冰水泡软，同时将羊奶加热到50~60℃，放入适量菠菜粉调成抹茶绿色，并将泡好的吉利丁片放入，搅拌使其完全融化。

④ 混合好的液体倒入烤好的燕麦杯中，并放入冰箱冷藏，使其凝固。

 **准备材料**

香蕉1根　燕麦片120克　羊奶200克
吉利丁片7克　菠菜粉适量　树莓适量

5 待燕麦杯中的液体完全凝固之后，取出，在表面筛上1层薄薄的菠菜粉，最后装饰上树莓即可。

巧克力酸奶挞

 制作方法

① 熟鸡胸肉、熟山药和南瓜粉倒入绞肉机中，搅打成细腻的肉团。

② 将肉团擀成合适厚度的薄片，用饼干模具压成圆形。

③ 取花型蛋挞模具，将圆形肉片反扣在模具的底部，按压牢固。再取 1 块肉团擀平，用饼干模具压出形状不同的饼干。一同放入烤箱中，160℃，20 分钟烘烤定型。

🥄 准备材料

熟鸡胸肉 150 克　熟山药 50 克　南瓜粉适量

无糖酸奶适量　角豆粉适量

④ 向无糖酸奶中加入适量角豆粉，调成巧克力色，挤入晾凉脱模
的肉挞中。

⑤ 最后装饰上小饼干即可。

森林物语

制作方法

① 熟鸡胸肉 200 克、熟山药 80 克、燕麦粉 40 克和角豆粉一起放进绞肉机中，搅打细腻。

② 鳕鱼煮熟，取出鱼刺和骨头，绿甜椒、羽衣甘蓝和秋葵一起焯熟，然后和鳕鱼一起放进绞肉机中搅碎，做夹心部分备用。

③ 将搅打好的肉团擀成大约 0.5 厘米厚的肉饼，铺在 6 英寸挞模具中，去掉多余的肉团，并按压使其与挞充分贴合。

④ 取出夹心部分填满挞中间，借助工具将其按压平整。

⑤ 取剩余 160 克熟山药加入羊奶压成泥，并且用网筛过滤细腻。

⑥ 将制作好的山药泥，加入菠菜粉，调成绿色。一部分用小抹刀抹在挞的表面，将夹心部分完全盖住。

🥄 准备材料

熟鸡胸肉 200 克　鳕鱼 60 克　熟山药 240 克

燕麦粉 40 克　羊奶 40 克　绿甜椒 1/4 个

羽衣甘蓝 2 片　秋葵 20 克

菠菜粉适量　角豆粉适量　树莓若干

⑦ 再将剩余山药泥装入裱花袋中，装上合适的裱花嘴，沿着挞边缘如图挤上一圈山药泥。

⑧ 用纸剪出几朵小花，放在挞上，在挞的表面轻轻筛上一层菠菜粉，再用小镊子将纸片取下来。

⑨ 最后随意地装饰上几颗树莓，就制作完成啦！

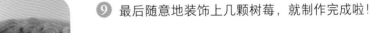

小狗南瓜挞

制作方法

① 熟鸡胸肉、60 克熟山药、燕麦粉和角豆粉一起放进绞肉机中，搅打细腻。

② 将搅打好的肉团擀成稍微厚一点的肉饼，用饼干切割模具切出比准备好的花朵挞外围大一点的圆片。

③ 将切割好的肉片放入花朵挞中，按压成型，使肉饼和挞模具完全贴合后，小心脱模即可。

小贴士

如果发现脱模过程不是很容易，可将挞放入冰箱冷冻，待其变硬之后再脱模，这样过程就变得简单了许多呢。

④ 剩下的肉团擀平，用小狗饼干模具制作成几个小狗饼干。

⑤ 南瓜蒸熟，待其凉透之后压成泥，填在已经脱模的挞中间，用工具稍微整理平整。

准备材料

熟鸡胸肉 150 克　熟山药 260 克　燕麦粉 30 克
南瓜 1 小块　羊奶 60 克
角豆粉适量　南瓜粉适量　椰丝适量

 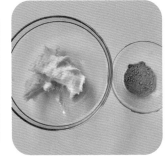 

6 200 克熟山药和 60 克羊奶混合，压成泥，过筛细腻之后加入南瓜粉调成黄色，做裱花部分。

7 将裱花部分的山药泥装入裱花袋中，沿着挞一圈一圈的挤出山药泥，做成如图一样的小山堆样子。

8 将刚才制作好的小狗饼干装饰在挞的顶部，并在周围撒上椰丝、放上绿叶做装饰。

营养鲜食

☆ 七 ☆

端午蒸糕

🥘 **制作方法**

① 三文鱼和兔里脊肉提前煮熟，与熟鸡胸肉一起放入绞肉机中搅打成泥，然后取其中的 1/4 和小米一起倒入绞肉机中，加少量水，搅打细腻，制成小米肉泥。

② 西蓝花提前用清水焯熟，捞出，和剩余的 3/4 肉泥一起倒入绞肉机中，搅打细腻，制成西蓝花肉泥。

③ 将西蓝花肉泥平均分成两部分，取 8 英寸模具，在底部先铺一层西蓝花肉泥，然后再铺上小米肉泥，最后将剩余的西蓝花肉泥铺在最顶上，用工具压实。

④ 放入蒸锅中，水开后，蒸 30 分钟即可。

准备材料

熟鸡胸肉 300 克　兔里脊肉 150 克　三文鱼 50 克
小米 40 克　西蓝花 200 克　山药 70 克　羊奶 18 克
菠菜粉适量　粽叶若干

⑤ 山药加羊奶打至顺滑，用菠菜粉调成绿色。

⑥ 将放凉的蒸糕平分成 6 等份，装饰上山药与粽叶即可！

青瓜雪梨卷

🍳 制作方法

① 蒸熟的山药压碎。

② 放入切好的胡萝卜丁和雪梨丁，一起搅拌均匀。

③ 用削皮器将黄瓜削出薄薄的黄瓜片备用。

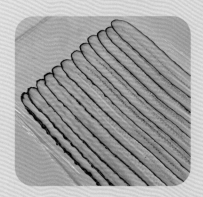

④ 保鲜膜铺好，将黄瓜片平铺在保鲜膜上，有一半上下参杂起来。

⑤ 将拌匀的山药胡萝卜雪梨泥均匀地抹在黄瓜片上面，撒上欧芹碎。

准备材料

黄瓜 1 根　熟山药 120 克　雪梨半个　胡萝卜少量
欧芹碎适量

6 然后像紫菜包饭一样用黄瓜将山药胡萝卜雪梨泥卷起来。

轻食素面

制作方法

① 提前将菠菜过水焯一下，鲜虾、鸡蛋、虫草花和胡萝卜片煮熟。

② 生鸡胸肉去筋膜，然后加入处理好的菠菜一起放入绞肉机中，搅打成细腻的肉泥。

③ 将打好的肉泥放入裱花袋中，剪一个大小合适的小口。

④ 锅中加水烧开，将肉泥挤入水中，煮 7 分钟左右捞出，盛入碗中。

⑤ 放上煮好的虾仁、鸡蛋和虫草花，摆上胡萝卜片装饰，然后倒入羊奶。

🍴 准备材料

生鸡胸肉 2 块　菠菜 50 克　虫草花 10 克　鲜虾 3 个

羊奶 100 毫升　树莓 3 颗　鸡蛋 1 个　胡萝卜 3 片

6 最后放 3 颗树莓就完成啦！树莓有超强的抗氧化能力，
并且含有丰富的维生素和微量元素，可以增强小狗的
抵抗力哦！

春日甜橙

🍳 **制作方法**

① 南瓜去皮洗净后切块，菠菜提前焯水后捞出沥干，橙子切片。

② 将鸡胸肉、龙利鱼和蛋黄放入绞肉机中，打成细腻的肉泥，然后分成两部分，一部分加入菠菜打碎，另一部分加入南瓜打碎。

③ 取 8 英寸方形慕斯圈，在底部绷上一层保鲜膜，将绿色的菠菜肉泥放进去，压实抹平。

④ 再将黄色的南瓜肉泥填放在绿色上面，用刮板抹平整。

⑤ 最后将切好的橙子片整齐的摆放在最顶端。

⑥ 整体移入蒸锅，待水汽上来之后蒸 30 分钟左右即可出锅。

准备材料

鸡胸肉 400 克　龙利鱼 100 克　蛋黄 2 个　南瓜 100 克
菠菜 50 克　橙子 1 个